BEI GRIN MACHT SICH IHR WISSEN BEZAHLT

Franziska Noltenius, Kathleen Newy

Regionale Disparitäten und Raumentwicklung in Malaysia

GRIN Verlag

Bibliografische Information der Deutschen Nationalbibliothek:

Die Deutsche Bibliothek verzeichnet diese Publikation in der Deutschen National-
bibliografie; detaillierte bibliografische Daten sind im Internet über http://dnb.d-
nb.de/ abrufbar.

Impressum:

Copyright © 2004 GRIN Verlag GmbH
Druck und Bindung: Books on Demand GmbH, Norderstedt Germany
ISBN: 978-3-640-21844-8

Dieses Buch bei GRIN:

http://www.grin.com/de/e-book/112796/regionale-disparitaeten-und-raumentwick-
lung-in-malaysia

GRIN - Your knowledge has value

Der GRIN Verlag publiziert seit 1998 wissenschaftliche Arbeiten von Studenten, Hochschullehrern und anderen Akademikern als eBook und gedrucktes Buch. Die Verlagswebsite www.grin.com ist die ideale Plattform zur Veröffentlichung von Hausarbeiten, Abschlussarbeiten, wissenschaftlichen Aufsätzen, Dissertationen und Fachbüchern.

Besuchen Sie uns im Internet:

http://www.grin.com/

http://www.facebook.com/grincom

http://www.twitter.com/grin_com

Regionale Disparitäten und Raumentwicklung

in Malaysia

Franziska Noltenius

Dipl. Geographie

8. Fachsemester

und

Kathleen Newy

Dipl. Geographie

8. Fachsemester

Seminar zur Hauptexkursion Singapur, Malaysia

SoSe 2004

Gliederung

1. Einleitung

Die malaysische Bevölkerung besteht aus drei ethnischen Gruppen. Die Malaien, auch Bumiputra, gehören dem Islam an, sind überwiegend im primären Sektor tätig und haben kaum an modernen wirtschaftlichen Aktivitäten teil. Die zweitgrößte Gruppe, die Chinesen, leben hingegen nach den Regeln des Buddhismus und haben den größten wirtschaftlichen Einfluss im Land. Die mit etwa einem Anteil von 8,5 Prozent an der Gesamtbevölkerung kleinste ethnische Gruppe sind die Inder. Sie gehören dem Hinduismus an und arbeiten vornehmlich in der öffentlichen Verwaltung und in gehobenen Berufen des tertiären Sektors.

Auf Grund der daraus resultierenden verschiedenen religiösen, sozialen und wirtschaftlichen Ausprägungen sind starke Disparitäten zwischen diesen Gruppen zu erkennen. Dies spiegelt sich unter anderem in den unterschiedlichen Pro-Kopf-Einkommen und der räumlichen Verteilung der Bevölkerungsgruppen wider. Diese Unterschiede zwischen den ethnischen Gruppen bergen ein hohes Konfliktpotential und sollten berücksichtigt werden.

In der vorliegenden Hausarbeit wird der Focus jedoch auf die sozioökonomischen Disparitäten Malaysias gelegt, ohne im Einzelnen zwischen den Religionsgruppen zu differenzieren.

Nachdem auf die raumstrukturelle Entwicklung im Zeitverlauf eingegangen wird, gibt die Darstellung aktueller Daten zu den Disparitäten mögliche Trends für die Zukunft wider. Des Weiteren werden die Bemühungen der Regierung um einen Ausgleich dieser Unterschiede erläutert, auch wenn die Notwendigkeit und der Erfolg dieser Maßnahmen zu diskutieren ist.

2. Regionale Disparitäten in Malaysia

Die oben beschriebene wirtschaftliche Entwicklung und deren Auswirkung auf das Raumsystem Malaysias führten zu regionalen Disparitäten zwischen den Bundesstaaten Malaysias. Diese Entwicklungsunterschiede werden bei einer Betrachtung des BIP pro Kopf (PKE), sowie verschiedener sozioökonomischer Indikatoren deutlich.

2.1. *Indikator PKE*

Das PKE als Indikator für die ökonomische Leistungsfähigkeit einer Region weist zwischen den einzelnen Bundesstaaten erhebliche Unterschiede auf. So ist, wie in Tabelle 1 ersichtlich, das Niveau des PKE in den Bundesstaaten im Norden und Osten der malaysischen Halbinsel im Vergleich zum Durchschnitt Malaysias gering, während die Bundesstaaten der Zentralregion um Kuala Lumpur ein überdurchschnittliches PKE aufweisen (vgl. Kulke 1998, S. 197). Die größten Entwicklungsunterschiede bestehen zwischen Wilayah Persektuan Kuala Lumpur und Kelantan im Osten des Landes. 1995 hatte Wilayah Persektuan Kuala Lumpur mit 22799 RM ein fünfmal höheres PKE als Kelantan mit 4484 RM. Für die Jahre 2000 und 2005 (Prognose) ergeben die Daten ein ähnliches Bild. Die Disparitäten bleiben auf gleich hohem Niveau.

Tabelle 1: Veränderung des PKE Malaysias nach Bundesstaaten in malaysischen Ringgit

	PKE in RM		
	1995	**2000**	**2005**
stärker entwick. St.	**12,940**	**17,410**	**22,777**
Johor	10,007	13,954	18,733
Melaka	11,305	15,723	21,410
Negeri Sembilan	9,034	12,791	17,555
Perak	9,290	13,183	18,616
Pulau Pinang	15,054	21,469	28,581
Selangor	14,168	17,363	21,286
Wilayah Persekutuan KL	22,799	30,727	39,283
weniger entwick. St.	**8,027**	**10,893**	**14,394**
Kedah	6,391	8,918	12,132
Kelantan	4,484	6,241	8,638
Pahang	7,548	10,370	14,549
Perlis	7,634	10,802	15,166
Sabah	7,206	9,123	11,323
Sarawak	9,287	12,755	16,861
Terengganu	16,553	22,994	29,516
Malaysia	**10,756**	**14,584**	**19,189**

Quelle: 8. Malaysia Plan

Abbildung 1 zeigt graphisch die Entwicklungsunterschiede zwischen den einzelnen Bundesstaaten Malaysias. Der Mittelwert des PKE Malaysias wird von den stärker entwickelten Bundesstaaten durchschnittlich überschritten und von den gering entwickelten Bundesstaaten unterschritten. Sichtbar ist auch hier wieder der Entwicklungsunterschied zwischen Wilayah Persektuan Kuala Lumpur und Kelantan. Ebenso sind im Zeitvergleich zwischen 1995 und 2000 keine Veränderungen hinsichtlich der Disparitäten zwischen den stärker und gering entwickelten Bundesstaaten erkennbar.

Abbildung 1: Verhältnis des PKE zum Mittelwert Malaysias

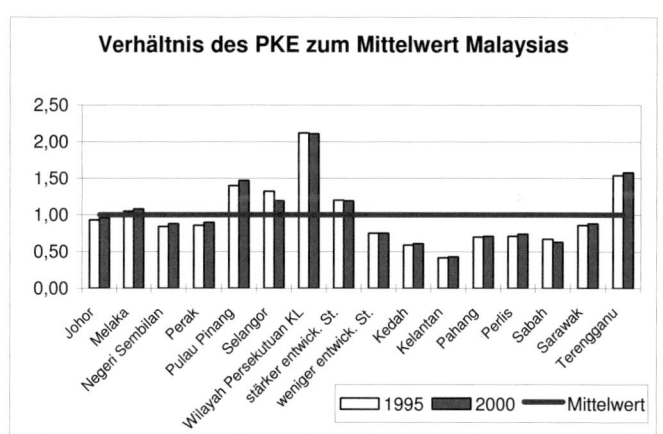

Quelle: eigene Darstellung, Datengrundlage: 8. Malaysia Plan

Der Bundesstaat Terengganu gehört zu den weniger entwickelten Staaten Malaysias. Das PKE Terengganus ist zwar überdurchschnittlich aufgrund der Erdölvorkommen, die dort gefördert werden (vgl. Kulke 1998, S. 197). Die sozioökonomischen Indikatoren, welche im folgenden Abschnitt dargestellt werden, zeichnen jedoch ein anderes Bild. Berücksichtigt werden muss, dass das überdurchschnittliche PKE Terengganus das durchschnittliche PKE der gering entwickelten Bundesstaaten hebt und somit das Bild der Entwicklungsunterschiede verzerrt.

Abbildung 2 gibt einen Überblick über den Entwicklungsstand der Bundesstaaten Malaysias. Die stark entwickelten Staaten des Landes in der Zentralregion um Kuala Lumpur sind mit einem roten Punkt gekennzeichnet, während die gering entwickelten Staaten im Norden und Osten des Landes blau markiert sind.

Abbildung 2: Bundesstaaten der malaysischen Halbinsel nach Entwicklungsstand

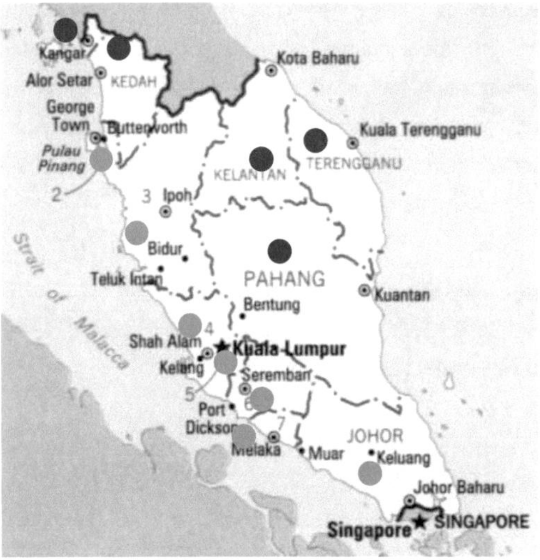

Quelle: UT Library Online

2.2. Sozioökonomische Indikatoren

Das PKE als alleiniger Indikator ist wie im Falle Terengganus nicht immer geeignet, Entwicklungsunterschiede zwischen Regionen zu beschreiben, da das PKE keine Aussage über das persönliche Einkommen oder die soziale Infrastruktur treffen kann. Daher spielen neben dem PKE als ökonomischer Indikator bei der Beurteilung regionaler Disparitäten auch sozioökonomische Indikatoren eine Rolle.

Tabelle 2 zeigt ausgewählte sozioökonomische Indikatoren zu verschiedenen Zeitpunkten nach Bundesstaaten. Im oberen Tabellenabschnitt sind die stärker entwickelten Bundesstaaten und im unteren Abschnitt die geringer entwickelten Bundesstaaten dargestellt. Deutlich erkennbar sind die Unterschiede zwischen den stärker und geringer entwickelten Bundesstaaten beim Indikator Fahrzeuge pro 1000 Einwohner. Bei diesem Indikator spielt das persönliche Einkommen eine entscheidende Rolle. Im Zeitvergleich 1995 und 2000 bleiben die Unterschiede für diesen Indikator bestehen.

Die sozialen Indikatoren hingegen werden durch staatliche Transferzahlungen gelenkt und weisen daher zwischen den stark und gering entwickelten Bundesstaaten im Vergleich zu ökonomisch beeinflussten Indikatoren geringe Unterschiede auf. Die Anzahl der Ärzte pro 10000 Einwohner ist in den schwächer entwickelten Bundesstaaten geringfügig weniger als in den stärker entwickelten Staaten. Die Kindersterblichkeitsrate pro 1000 Lebendgeborenen weist zwischen den Bundesstaaten innerhalb beider Gruppen der Bundesstaaten Unterschiede auf, ist jedoch bei einem Vergleich der gering entwickelten mit den stärker entwickelten Bundesstaaten gleich hoch. Bei der Betrachtung der Werte Terengganus wird die Zuordnung dieses Bundesstaates zu den gering entwickelten Bundesstaaten klar. Der Abstand des sozioökonomischen Indikators vom malaysischen Mittelwert ist stark unterdurchschnittlich und auch innerhalb der Gruppe der gering entwickelten Bundesstaaten weist Terengganu einen niedrigen Wert auf. Die vorgestellten sozialen Indikatoren sind ebenfalls unterdurchschnittlich.

Tabelle 2: Veränderung ausgewählter sozioökonomischer Indikatoren Malaysias nach Bundesstaaten

	Fahrzeuge pro 1000 EW		Kindersterblich- keitsrate[1]		Anzahl der Ärzte pro 10000	
	1995	2000	1995	1998	1995	1997
Johor	432.9	523.4	9.1	6.5	4.1	5.2
Melaka	458.8	555.9	9.7	9.2	5.4	8.3
Negeri Sembilan	398.4	476.2	12.5	7.5	4.8	6.3
Perak	375.3	459.5	10.4	6.7	4.7	6.4
Pulau Pinang	651.8	807.7	9.5	7.0	7.4	8.9
Selangor	399.4	367.9	6.8	5.5	5.3	13.3
Wilayah Persekutuan KL	616.3	985.7	13.4	10.9	22.6	12.7
Kedah	269.7	310.0	7.8	8.5	3.4	4.7
Kelantan	180.5	211.9	11.4	9.7	4.0	5.2
Pahang	260.8	306.1	10.1	10.0	3.4	4.3
Perlis	276.4	324.8	8.5	8.0	3.7	4.7
Sabah	101.0	111.4	16.7	11.5	2.2	2.4
Sarawak	215.0	255.0	7.5	6.2	2.9	3.7
Terengganu	181.4	221.0	12.3	10.6	3.0	4.0
Malaysia	339.2	421.9	10.3	8.1	5.3	6.6

[1] (pro 1000 Lebendgeborenen)

Quelle: 8. Malaysia Plan

Um die beschriebenen Disparitäten überwinden zu können, werden im Folgenden mögliche Strategien vorgestellt.

3. Strategien zum Ausgleich der Disparitäten

Während der technologieintensiveren Phase der Wirtschaftsentwicklung schränkte die Regierung Malaysias die Regionalförderung ein. Es erfolgte eine Konzentration der Förderung auf Schwerpunktindustrien und deren Standorte. Folglich verschärften sich die Disparitäten zwischen den Regionen (vgl. Kulke 1998, S.197ff).

Seit Ende der 1990er Jahre werden wieder Maßnahmen ergriffen, um die Entwicklungsunterschiede zwischen einzelnen Regionen auszugleichen. Dazu wurden im 8. Malaysia Plan Handlungskonzepte vorgelegt.

Der 8. Malaysia Plan enthält die nächsten Handlungsschritte für den Zeitraum 2001 bis 2006, um Malaysia bis 2020 zu einem entwickelten Staat zu führen. In seinem 5. Kapitel, welches sich mit der Regionalentwicklung Malaysias befasst, werden Maßnahmen zum Ausgleich der Disparitäten dargelegt. Handlungsfelder sind dabei:

- die Diversifizierung der Wirtschaftsstruktur in den gering entwickelten Staaten,
- die Verbesserung der Qualität städtischer Dienstleistungen,
- die beschleunigte Entwicklung in ländlichen Gebieten, sowie
- die Förderung der Zusammenarbeit in Wachstumsdreiecken.

Im Folgenden werden einige Maßnahmen, die zur Minderung der Disparitäten beitragen sollen, vorgestellt.

Durch die Entwicklung ressourcenbasierter Industrien und zusätzlichen wirtschaftlicher Aktivitäten, die auf den Stärken der Bundesstaaten beruhen, wird eine breitere Produktionsgrundlage geschaffen. Diese soll eine Diversifizierung der Wirtschaftsstruktur bewirken. In diesem Zusammenhang sind die einzelnen Bundesstaaten aufgefordert, Gebiete für Produktionsaktivitäten auszuwählen. So wurden beispielsweise bereits Standorte für die Entwicklung von Petrochemie festgelegt. Im landwirtschaftlichen Bereich wird der Schwerpunkt auf die Erhöhung der Nahrungsmittelproduktion durch die Steigerung der Produktivität und eine Verbesserung des Farmmanagements gelegt. Anstrengungen werden auch dahingehend unternommen, neue Tourismusregionen zu entwickeln und die touristische Infrastruktur zu verbessern. Im Vordergrund stehen hierbei die Entwicklung von Ökotourismus und Agrartourismus.

Die Verbesserung der Qualität städtischer Dienstleistungen soll dazu beitragen städtische Bereiche lebenswerter zu gestalten und die Qualität städtischen Lebens zu erhöhen. Maßnahmen hierfür sind eine geordnete Stadtplanung und die Bereitstellung öffentlicher Leistungen wie Kindergärten, Räume für Kinder und Gemeinschaftszentren.

Der Schwerpunkt ländlicher Entwicklungsprogramme liegt in der Schaffung einer investitionsfreundlichen Umgebung durch die Bereitstellung qualitativer Infrastruktur und sozialer Dienstleistungen. Dabei stehen die Verbesserung von Wohnen, die Förderung der Entwicklung des ländlichen Tourismus, sowie Schulungsmaßnahmen im Vordergrund. Aber auch die Entwicklung kleinteiliger Industrie wie Handwerk und ressourcenbasierte Industrie soll forciert werden.

Die Förderung von Wachstumsdreiecken ist eine weitere Komponente, um den Ausgleich regionaler Disparitäten voranzutreiben. Strategien, welche wirtschaftliche Komplementaritäten der Wachstumsdreiecke nutzen, um Ressourcen effizient einzusetzen und somit Investitionen in die Region zu ziehen, sollen fortgesetzt werden. Mehrere Wachstumsdreieck-Projekte, welche wegen der wirtschaftlichen Krise verschoben wurden, werden wieder belebt (vgl. 8. Malaysia Plan).

4. Fazit

In vorliegender Arbeit wurde das Zustandekommen der Entwicklungsunterschiede Malaysias beschrieben. Eine Minderung der regionalen Disparitäten scheint, bei einer Betrachtung der prognostizierten Werte des PKE für 2005, nicht in Sicht. Die im 8. Malaysia Plan vorgeschlagenen Strategien zur Überwindung der Entwicklungsunterschiede sind bei genauer Betrachtung wenig erfolgversprechend. Beispielsweise scheint die Auswahl von wirtschaftlichen Stärken in den gering entwickelten Bundesstaaten mangels dieser aussichtslos. Eine Entwicklung des Tourismus ist naturräumlich zwar möglich, jedoch durch religiöse Reglementierungen beschränkt. Auch weitere Strategien sind wenig aussichtsreich, so dass staatliche Transferzahlungen die einzige Möglichkeit bleiben um die im Vergleich zu entwickelten Industrieländern großen Disparitäten nicht weiter zu verschärfen. Für die Regierung Malaysias bedeutet dies noch einen langen Weg, um das Land bis 2020 zu einem entwickelten Staat zu formen.

Literatur

Kulke, E., 1994:   Malaysia. Wirtschaftliche, gesellschaftliche und regionale
Entwicklungsprozesse. In: Praxis Geographie, 1994, H. 7-8, S. 68-73

Kulke, E., 1998:   Wirtschaftliches Wachstum und räumliche Restrukturierung in
Malaysia. In: Zeitschrift für Wirtschaftsgeographie, Jg. 42, H. 3-4, S. 191-200.

Regierung Malaysia: 8. Malaysia Plan http://www.epu.jpm.my/RM8/c5_cont.pdf
(letzter Zugriff: 02.06.2004)

UT Library Online:
http://www.lib.utexas.edu/maps/middle_east_and_asia/malaysia_adm98.jpg
(letzter Zugriff: 20.06.2004)